公益性行业（农业）科研专项
"主要农作物高活力种子生产技术研究与示范"
成果丛书

种子活力测定技术手册

# 玉米种子萌发顶土力生物传感快速测定技术手册

丛书主编　王建华

江绪文　王建华　编著

U0219558

中国农业大学出版社
·北京·

# 内 容 简 介

本手册介绍一种基于生物力传感技术实时监测种子萌发顶土力的方法及具体的监测操作流程,并附案例。

**图书在版编目(CIP)数据**

种子活力测定技术手册. 玉米种子萌发顶土力生物传感快速测定技术手册/江绪文,王建华编著. —北京:中国农业大学出版社,2018.5.

(公益性行业(农业)科研专项"主要农作物高活力种子生产技术研究与示范"成果丛书/王建华主编)

ISBN 978-7-5655-2022-8

Ⅰ.①种…　Ⅱ.①江…②王…　Ⅲ.①玉米-种子活力-测定-技术手册　Ⅳ.①S330.3-62

中国版本图书馆 CIP 数据核字(2018)第 088038 号

| | |
|---|---|
| 书　　名 | 种子活力测定技术手册<br>玉米种子萌发顶土力生物传感快速测定技术手册 |
| 作　　者 | 江绪文　王建华　编著 |

| | | | |
|---|---|---|---|
| 责任编辑 | 洪重光 | 封面设计 | 郑 川 |
| 出版发行 | 中国农业大学出版社 | | |
| 社　　址 | 北京市海淀区圆明园西路 2 号 | 邮政编码 | 100193 |
| 电　　话 | 发行部 010-62818525,8625 | 读者服务部 | 010-62732336 |
| | 编辑部 010-62732617,2618 | 出　版　部 | 010-62733440 |
| 网　　址 | http://www.caupress.cn | E-mail | cbsszs @ cau.edu.cn |
| 经　　销 | 新华书店 | | |
| 印　　刷 | 涿州市星河印刷有限公司 | | |
| 版　　次 | 2018 年 9 月第 1 版　　2018 年 9 月第 1 次印刷 | | |
| 规　　格 | 787×980　　16 开本　　2.25 印张　　28 千字 | | |
| 定　　价 | 128.00 元(全八册) | | |

**图书如有质量问题本社发行部负责调换**

# 公益性行业（农业）科研专项
# "主要农作物高活力种子生产技术研究与示范"
# 成果丛书

# 编写委员会

# 《种子活力测定技术手册》(共 8 分册)编委会

主　　编　　王建华　　赵光武　　孙　群

编写人员　　(按姓氏音序排序)

何龙生(浙江农林大学)

江绪文(青岛农业大学)

李润枝(北京农学院)

孙　群(中国农业大学)

唐启源(湖南农业大学)

王建华(中国农业大学)

赵光武(浙江农林大学)

# 总　序

　　农业生产最大的风险是播下的种子不能正常出苗,或者出苗后不能正常生长,从而造成缺苗断垄甚至减产。近些年,发达国家的种子在我国呈现出快速扩张的趋势,种子活力显著高于国内种子是其中的重要原因之一。农业生产的规模化、机械化是提高我国农业劳动生产效率,实现农业现代化的必由之路。单粒精量播种技术简化了作物生产管理的间苗定苗环节,大幅度降低了农业生产人力和财力支出,同时也是优质农产品生产的基本保障。但是,高活力种子是实现单粒精量播种的必要条件,现阶段我国主要农作物种子活力还难以适应规模化机械化高效高质生产技术的发展要求。

　　研究我国主要农作物种子的高活力生产技术和低损加工技术,提高种子质量是农业生产机械单粒播种、精量播种的迫切需要,也是加强我国种子企业的市场竞争力与种业安全的紧迫需求。2012 年,中国农业大学牵头,山东农业大学、湖南农业大学、中国农业科学院作物科学研究所、浙江农林大学、北京德农种业有限公司参与,共同申报承担了农业部公益性行业(农业)

科研专项"主要农作物高活力种子生产技术研究与示范"(项目号201303002,项目执行期2012.01—2017.12)。依托前期项目组成员单位和国内外的工作基础,项目组有针对性地研究了影响玉米、水稻、小麦、棉花高活力种子生产中的关键问题,组装配套各类作物高活力种子的生产技术规程和低损加工技术规程,并在企业进行技术示范,为全面提升我国主要农作物种子活力水平提供理论指导,为农业机械化和现代化发展提供种子保障。

依托项目研究成果,我们编写了下列丛书:

《河西地区杂交玉米种子生产技术手册》

《玉米种子加工与贮藏技术手册 上册·收获和干燥》

《玉米种子加工与贮藏技术手册 中册·包衣和包装》

《玉米种子加工与贮藏技术手册 下册·贮藏》

《玉米种子精选分级技术原理和操作指南》

《水稻高活力种子生产技术手册》

《棉花高活力种子生产技术手册》

《冬小麦高活力种子生产技术手册》

《水稻种子活力测定技术手册》

《小麦种子活力测定技术手册》

《棉花种子活力测定技术手册》

《玉米种子萌发顶土力生物传感快速测定技术手册》

《水稻种子活力氧传感快速测定技术手册》

《小麦种子活力计算机图像识别操作手册》

《种子形态特征图像识别操作手册》

《主要农作物种子数据库查询系统用户使用手册 V1.0》

本套丛书可供相关种子研究人员及农业技术人员和制种人员使用,成书仓促,疏漏之处在所难免,恳请读者批评指正!

编著者

2018 年 3 月

# 前　言

在作物生产中,种子作为最基本的生产资料,种子质量直接影响作物的产量与质量,种子活力(seed vigor)又是反映种子质量的重要指标。因此,测定种子活力,对种子活力进行评价并筛选出高活力种子,对于确保播种种子质量,节约播种费用,提高种子抵御不良环境的能力,增强种子对病虫杂草的竞争能力,提高实际田间出苗率,提高作物产量,增强种子的耐储藏性,具有重大的生产意义。

目前国内应用较多的作物种子活力测定方法仍然是幼苗生长速率测定。由于发芽测定消耗时间长,越来越不能满足竞争日益激烈的市场对快速准确掌握种子质量信息的需求。

为了更加全面和系统地了解种子活力测定的方法,掌握种子活力测定技术,我们收集国内外种子活力测定的相关资料,以及实践经验,结合实验室研究进展,选取试验相对简便易行、结果准确的测定方法编辑成《种子活力测定技术手册》。本手册共分 8 个分册,内容涉及种子活力常规测定方法、新技术在种子活力测定中的应用以及相关软件、数据库的操作和使用,作物包括水稻、小麦、玉米、棉花等。

各分册编写分工如下：

《水稻种子活力测定技术手册》　　　　　　　　赵光武　唐启源

　　　　　　　　　　　　　　　　　　　　　何龙生

《小麦种子活力测定技术手册》　　　　　　　　孙　群

《棉花种子活力测定技术手册》　　　　　　　　李润枝

《玉米种子萌发顶土力生物传感快速测定技术手册》江绪文　王建华

《水稻种子活力氧传感快速测定技术手册》　　　赵光武

《小麦种子活力计算机图像识别操作手册》　　　孙　群

《种子形态特征图像识别操作手册》　　　　　　孙　群　王建华

《主要农作物种子数据库查询系统用户使用手册 V1.0》

　　　　　　　　　　　　　　　　　　　　　赵光武　王建华

　　此手册期望能为作物育种、种子生产人员提供参考。

　　由于时间紧促，加上编者水平有限，难免会有错误和疏漏之处，恳请读者批评指正。

编著者

2018 年 3 月

# 目　　录

# 1 引言

　　20世纪80年代诞生了将力学方法引入传统生物学研究中的新兴边缘学科——生物力学，并很快在国际上发展成为一个热点研究领域。但长期以来其研究对象主要集中在有关动物和人体的医学问题上，而作为这一学科内部的天然分支——植物力学则是近年来提出的新概念，尚有巨大的发展空间。

　　植物生长发育中不可避免地要受到各种外界环境条件的刺激，这种刺激被称为环境应力刺激，它包括自然和人为的两大应力源。特别是环境应力的概念比传统单纯从光、温、水、矿质等角度来研究植物生长要广泛得多。人们很早就认识到应力刺激会对植物的生长产生明显影响，使植物因感受应力刺激而产生宏观生物学效应，如：攀缘植物的向性生长；有些植物受到敲击后茎变粗变短，根受到敲击后生长受阻；风力作用导致的周期性振动能对植物的形态建成产生明显影响；一定强度的声波刺激能明显促进植物生长；水流动的剪切力会对水生植物的生长和形态产生影响等。此外，在机械振荡刺激、强声波（或超声波）刺激、电（磁）场、微重力状态（即空间失重环境）对植物的影响等方面也取得了一定进展。特别是现阶段一些科学家对植物细胞生长与应力刺激之间的关系进行了研究，包括通过对植物发育中目标组织/细胞开展应力加载实验等,以期揭示细胞内应力信号转导机理等,但目前相关报道较少,非常值得深入研究。

生物力学的创始人、美国三院院士冯元桢先生说:"应力-生长关系是生物力学的活灵魂",对于植物力学研究的核心更是如此。物理学为植物学的研究提供了现代化的实验手段和方法。因此,今后生物学家和物理学家都应大力开展这一边缘学科的研究,为传统植物学的研究注入新的方法和手段,使之焕发出新的活力。

# 2 基本原理

在种子整个生育时期,从种子萌发到新一代种子产生,时时伴随着各种生物力的作用。对这些生物力信号进行采集利用,可更好地了解种子萌发生长规律,并为相关机理研究提供依据。据邹德曼(1984)介绍,当种子发芽出苗时,有一种力量使幼芽向上顶出,并把这种力量称为发芽力。此外,根据《种子活力测定的原理和方法》(颜启传,等,2006)、国际种子检验协会(International Seed Testing Association,ISTA)编辑出版的《种子活力测定方法手册》、北美官方种子检验协会(The Association of Official Seed Analysts,AOSA)编辑出版的《种子活力测定手册》等书籍中相关内容介绍,并结合前期研究结果,我们将种子萌发中,促使种苗组织器官膨大、伸长生长(如:生根发芽)的所有生物力统称为种子萌发力。它包括吸胀力、萌动力、发芽力和幼苗形态建成力 4 种生物力类型。其中种子在发芽阶段,通过组织器官(如:芽轴、胚芽鞘)伸长生长,最终突破土层,完成出苗,这种突破土层的生物力形式我们称为顶土力,它是发芽力的一种重要形式。基于前人研究报道及我们前期试验结果表明,种子萌发中活力高的种子顶土力强,且出苗率高;而活力低的种子顶土力弱,而不能正常出苗甚至腐烂在土壤内。因此可通过比较种子萌发顶土力大小来评价种子活力的大小。

种子萌发顶土力测定是种子活力测定等相关科研工作的重要研究内容,在种子生物学研究、种子质量管理、实现良种化和种子质量标准化等方面具有极其重要的应用前景。针对该发芽力形式,长期以来尚未有很好的测定方法。传统的测定方法主要有盖纸法,即取一土壤盒,将沙子放入盒内,置种后,在砂床上盖一张较坚硬的纸。种子发芽时,胚芽将纸顶起,然后测量纸被胚芽顶起的高度。顶起的高度越大,即力越大,种子活力也就越高。但该法存在误差大,操作不便,只能测种子群体的平均值,无法监测每粒种子的萌发顶土力大小变化、开展量化分析等,故很少被应用。针对上述问题,下文给大家介绍一种基于生物力传感技术实时监测种子萌发顶土力的方法及具体的监测操作流程,并附案例。以期大家能够掌握利用种子生物力传感技术测定种子萌发顶土力的基本原理,了解种子萌发顶土力测定的目的和意义,熟悉种子生物力学评价系统(A System for Automated Seed Biomechanical Assessment,ASASBA)中萌发顶土力测定模块的操作方法,比较分析不同品种及批次种子样品某一时间点平均顶土力的大小等。

# 3 实验材料

## 3.1 种子

不同品种、批次、活力水平的玉米样品种子。

## 3.2 实验器具

种子发芽室或人工气候箱、特定规格的发芽盒、沙子、置种板等。

## 3.3 评价系统

种子生物力学评价系统（A System for Automated Seed Biomechanical Assessment，ASASBA）——萌发顶土力测定模块包括监测仪及配套数据采集分析软件（由中国农业大学种子科学研究中心和青岛农业大学种子科学与工程课题组共同研发）。

# 4 实验方法

## 4.1 种子萌发顶土力监测方法介绍

基于种子萌发顶土力大小变化特性,采用生物力传感技术对顶土力信号进行实时监测,量化存储。该方法主要包括如下作业:(1)顶土力信号采集;(2)信号放大处理;(3)滤波去噪处理;(4)实时信号存储与回放;(5)信号量化处理;(6)数据后处理。所述作业(1)中,种子萌发芽鞘顶端接触压力传感器探头开始顶土力信号采集;所述作业(2)中,压力传感器的输出端电连信号放大器对微力信号放大处理;所述作业(3)中,信号放大器的输出端电连有源滤波器去噪;所述作业(4)中,滤波器的输出端电连 Holter 记录盒进行实时信号存储与回放;所述作业(5)中,利用波形量化软件处理,将模拟信号转为数字信号,并得到量化数据;所述作业(6)中,根据顶土力监测要求对量化数据进行筛选、导出、存储、分析等后处理以获得顶土力监测结果。

具体实施方式如下：

（1）顶土力信号采集

由于玉米种子萌发过程中，中胚轴和胚芽鞘伸长，胚芽鞘顶端顶土伸出床面，玉米种子萌发顶土力信号采集对象是胚芽鞘顶端产生的顶土力。首先将压力传感器固定在发芽床上方，传感器探头垂直对准胚芽鞘将要伸出的区域，当胚芽鞘顶端与传感器探头接触则开始顶土力信号的采集。其中压力传感器为压阻式全桥型，量程：0～30 g；满幅度输出：＞40 mV/30 g/5 V(DC)；精度：1%；电源电压5～9 V；输出阻抗：＜3 kΩ。

（2）信号放大处理

在种子不同的萌发时间点顶土力大小存在差异，并伴随许多微弱信号，在压力传感器的输出端电连信号放大器对微弱信号进行放大处理，可靠实现差分输入。第一级采用直流放大器，增益小于20倍；第一和第二级之间采用交流耦合，时间常数大于5 s，保证微弱信号的不失真放大。

（3）滤波去噪处理

在信号放大器的输出端电连有源滤波器对顶土力信号进行处理，去除杂波。

（4）实时信号存储与回放

由于顶土力大小伴随时间的变化而变化，且不同品种种子或同品种不同批次种子的顶土力也存在差异，采用Holter记录盒可对每一粒种子顶土力进行实时信号存储与回放。

（5）信号量化处理

利用波形量化软件处理，将模拟信号转为数字信号，并得到量化数据。

（6）数据后处理

根据顶土力监测要求对量化数据进行筛选、导出、存储、分析等后处理获得顶土力测量结果。

# 4.2　种子萌发顶土力监测步骤介绍

种子萌发顶土力监测步骤主要包括：（1）种子发芽；（2）顶土力监测仪安置和使用；（3）软件监测控制；（4）观察记录等后处理。所述步骤（1）中，使用发芽盒、置种板、平基板进行种子标准发芽产生顶土力；所述步骤（2）中，将顶土力监测仪连接电脑，并将其测力板安置在发芽盒上，依靠压力传感器感受顶土力信息；所述步骤（3）中，通过电脑打开数据采集软件实现顶土力监测控制，获得顶土力监测数据；所述步骤（4）中，监测数据保存分析后，则可退出软件，关闭顶土力监测仪，卸载测力板等后处理。结合图 1、图 2 具体介绍如下：

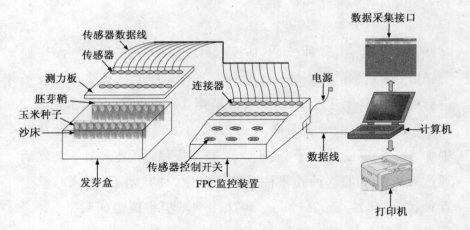

图 1　种子萌发顶土力监测示意图

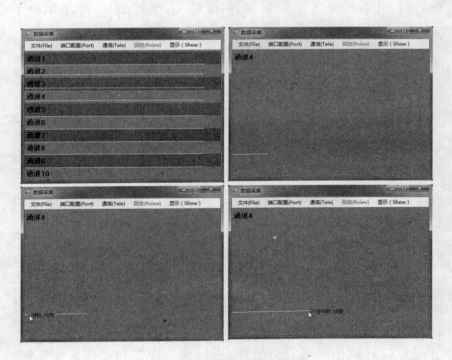

图 2　数据采集软件部分界面

（1）种子发芽

使用发芽盒、置种板、平基板对种子进行标准发芽。操作如下：选取成熟饱满、大小一致的待测种子，根据检测需要对种子进行处理（如：用 1% NaClO 溶液消毒 10 min 后，无菌水清洗 3 遍，然后用吸水纸吸去种子表面浮水）；根据种子类型在发芽盒中加入一定厚度的沙子（或土），用平基板将沙/土床制平。然后通过置种板上的置种孔将种子整齐置床，种胚朝下（玉米），移去置种板后，覆沙/土 2～3 cm，再次用平基板将覆盖面制平。3 个重复，每个重复 100 粒种子。（注：本步骤使用的平基板、置种板、置种孔介绍见实用新型专利：江绪文，李贺勤. 一种玉米种子发芽盒. 专利号 201320432096.X）。

（2）顶土力监测仪的安置和使用

1）测力板安装

将配套的测力板安放在沙/土覆盖面上，测力盘底面距离覆盖面高度约 1 cm，将测力板两边固定在发芽盒上，使每个生物力传感器（100 通道）下部的压力盘对准置种区域。注意：安装固定测力板时，严格按照发芽盒上的标识安装，避免种子发芽过程中幼芽偏离测力盘，出现空载。

2）顶土力监测仪安装

将生物力传感器连接器插头根据插头编号插入种子顶土力监测仪上面相应编号插座中，将种子顶土力监测仪接通电源，通过数据线与电脑相连接，打开种子顶土力监测仪电源开关，即可进一步打开数据采集分析软件，进行参数设置和数据采集控制。

（3）软件监测控制

1）打开数据采集软件，点击"文件（File）"菜单，再点击下拉菜单"新文件（New）"在指定位置建立目标文件（＊.dat）然后进行保存。

2）点击"端口配置（Port）"菜单，点击"端口号（com）"选择端口号或全选。

3）点击"波特率（Baud）"，根据监测要求进行选择，最后点击"打开端口"子菜单。

4）点击"通信（Tele）"下拉菜单中的"开始"子菜单，便开始进行生物力测定，连续通信时间为 30 d。

5）监测时间结束时，点击"通信（Tele）"下拉菜单中的"结束"子菜单便可停止数据采集，同时进行数据保存。

6）点击"回放（Rview）"菜单，可选择不同发芽时间点各检测样本点种子生物力的大小。

7）点击"显示（Show）"菜单可选择不同的通道，并观察目标通道种子生物力大小情况（波形图）；鼠标指针移至波形图上则自动显示各点数值。

8）点击"文件（File）"菜单中"退出（Exit）"或点击右上角关闭按钮即可退出程序。

（4）观察记录等后处理

打开目标文件（＊.dat）则可获得各通道各时间点的数值，可进行数据分析、打印、保存。监测结束后，弹出 USB，关闭种子顶土力监测仪电源开关，拔除电源线，生物力传感器连接器分离，从发芽盒上卸下测力板，清理各测力盘表面，将设备放入设备箱,以备下次使用。此外,根据试验要求可继续观察幼苗长势,试验结束后清洗发芽盒。

(5)注意事项

1)严格按照操作步骤进行种子萌发顶土力监测;

2)轻拿轻放,避免传感器受损;

3)监测结束后,将设备小心拆卸,放入设备箱以备下次使用。

# 5 主要结论

根据种子萌发顶土力(the force of the coleoptile pushing the solid matrix to emerge,FPC)测定值得到两项生物力评价指标。一是单位时间内各顶土力大小区间(划分为 10 个生物力大小区间:0 mN≤$x$<98 mN,98 mN≤$x$<196 mN,196 mN≤$x$<294 mN,294 mN≤$x$<392 mN,392 mN≤$x$<490 mN,490 mN≤$x$<588 mN,588 mN≤$x$<685 mN,685 mN≤$x$<784 mN,784 mN≤$x$<882 mN,882 mN≤$x$≤980 mN)内信号数目(种子数)(the number of seed germination signals per unit time to each force stage of FPC,NSS);二是单位时间内每粒种子最大萌发顶土力总和的平均值(the average of the maximum FPC of each seed per unit time,AMF)。玉米种子萌发 NSS 和 AMF 两项生物力评价指标测定时间区间设为 96~144 h。其他生物力评价指标有待进一步开发。

# 6 案例

本手册以从河南金娃娃、河南金博士、北京德农、中种集团4家种子有限公司2014年和2015年连续两年购买的郑单958玉米样品种子为例,介绍NSS和AMF两项种子萌发生物力指标的获得。2014年各公司购买的种子样品依次以2014A、2014B、2014C、2014D表示,2015年各公司购买的种子样品依次以2015A、2015B、2015C和2015D表示。以传统活力测定方法为对照。

## 6.1 试验方法

(1)种子重量测定

各样品中随机选取大小均一、健康饱满的种子,进行千粒重(the thousand-seed weight, TSW)测定。每个重复100粒,5个重复,将百粒重结果转化为千粒重。

(2)种子水分含量测定

根据ISTA手册(2007)介绍的方法,将种子样品磨碎后在(130±0.5)℃干燥2 h称重,并结合初始种子样品重量计算种子水分含量。

（3）种子发芽试验

采用卷纸发芽和沙床发芽两种方式。选取大小均一、健康饱满的种子，用1%的NaClO溶液浸泡处理10 min后，取出，用去离子水清洗3遍，擦干种子表面浮水，备用。

卷纸发芽：将消毒后的种子交错置床，卷起放入自封袋中，垂直放入人工气候箱中(25±0.5)℃避光发芽，依据ISTA手册(2012年)介绍的方法，置床后7 d统计发芽率。

沙床发芽：用筛目孔径$d=2.0$ mm的筛子进行筛沙，将沙子高温(130～133℃)消毒后，冷却备用。将含水量为10%的沙子放入发芽盒中，沙床高度17 cm，将床面置平，用特定规格的置种板(100孔)将玉米种子进行置床。置床后移除置种板，覆沙2 cm，然后安置好顶土力监测装置，人工气候箱/发芽室中(25±0.5)℃(光照12 h)发芽(每个重复100粒，3个重复)，当完成了FPC测定后，移除测力板，若需测定其他指标可继续进行发芽试验。

（4）低温测定、加速老化测定、胚根伸出测定

低温测定(cold test, CT)：采用卷纸发芽，首先在(10±0.5)℃条件下发芽7 d，然后转到(25±0.5)℃条件下发芽7 d，统计正常幼苗数，每个重复100粒种子，3个重复。

加速老化测定(accelerated ageing test, AAT)：在(43±0.5)℃，99.9%湿度条件下处理72 h后，在(25±0.5)℃条件下发芽7 d，统计正常幼苗数，每个重复100粒种子，3个重复。

胚根伸出测定(radicle emergence test, RET)：依据ISTA

手册（2012 年）介绍的方法，采用卷纸发芽，人工气候箱中（20±0.5）℃发芽，于置床后 66 h±15 min 统计胚根长度超过 2 mm 的种子数目。

胚根伸出改良法：将玉米种子萌发划分为果种皮突破（testa-pericarp rupture，TR）和胚根鞘突破（coleorhizae rupture，CR）两个事件，并在种子置床后 66 h±15 min 统计 TR、CR 和 TR＋CR 种子数。

（5）田间出苗率测定

采取单粒播，株行距 10 cm，种子分布采用间比法设计。于播种后 21 d 统计田间出苗率。

（6）种子生物力测定

基于 FPC 值，两项种子生物力评价指标被选用于评估种子活力大小。一个指标为各 FPC 生物力测定范围检测到的种子萌发顶土力信号采集数（the number of seed germination signals per unit time，NSS）。（注：设定 10 个生物力范围（单位 mN），分别为：$0 \leqslant x < 98, 98 \leqslant x < 196, 196 \leqslant x < 294, 294 \leqslant x < 392, 392 \leqslant x < 490, 490 \leqslant x < 588, 588 \leqslant x < 685, 685 \leqslant x < 784, 784 \leqslant x < 882$, and $882 \leqslant x \leqslant 980$）。另外一个指标为单位时间段 100 粒种子中的每粒种子最大 FPC 值总和的平均值（AMF）。选取玉米种子萌发时间段为 96～144 h。

（7）数据分析

利用 SAS 软件（LSD 法）对发芽试验、低温测定、加速老化测定、胚根伸出测定及田间出苗率测定数据进行方差分析；利用

Excel、SPSS 11.0 软件进行不同种子活力指标间的相关性和回归分析。

## 6.2 结果

（1）千粒重和水分含量测定

8 个玉米种子样品千粒重范围为 372.47～421.00 g；种子含水量范围为 11.03%～11.30%，低于玉米种子安全水分含量。

（2）发芽试验

由表 1 可见 8 个样品中 2015B 卷纸发芽和沙床发芽的发芽率均最高，分别为 99.33% 和 99.00%；而卷纸发芽 2014C 的发芽率最低，为 91.00%，沙床发芽 2014A 的发芽率最低，为 90.00%。

（3）低温测定、加速老化测定、胚根伸出测定

由表 1 可见，2015B 的 CT 和 AAT 发芽率均最高，分别为 97.33% 和 87.33%，相反，2014A 最低，分别为 87.67% 和 66.67%。比较分析发现，2015B 的 RET-REP，RET-TRP 和 RET-(TR+CR) 三项指标也均为最高，分别为 29.33%、68.33% 和 99%，相反 2014A 最低，分别为 0.00、76.00% 和 76.00%。

综合考虑各项种子活力指标，8 个样品种子活力排列顺序为：2015B＞2015D＞2015C＞2015A＞2014D＞2014B＞2014C＞2014A。

表1 8个样品标准发芽测定、抗冷测定、加速老化测定、胚根伸出测定结果

%

| 样品编号 | PG-GP | SG-GP | CT | AAT | RET-REP | RET-TRP | RET-CRP | RET-(TRP+CRP) |
|---|---|---|---|---|---|---|---|---|
| 2014A | 91.67d | 90.00c | 87.67d | 66.67e | 0.00g | 76.00cd | 0.00f | 76.00e |
| 2014B | 96.67bc | 97.00ab | 90.00cd | 75.67d | 3.33f | 85.67a | 4.33e | 90.00c |
| 2014C | 91.00d | 90.67c | 88.33cd | 70.67d | 5.67e | 79.33bc | 6.00de | 85.33d |
| 2014D | 95.00bc | 94.67b | 90.33c | 72.67d | 7.00d | 80.67b | 8.67d | 89.33c |
| 2015A | 94.67c | 95.67b | 90.67c | 83.33bc | 27.33b | 59.00f | 31.00a | 90.00c |
| 2015B | 99.33a | 99.00a | 97.33a | 87.33a | 29.33a | 68.33e | 30.67a | 99.00a |
| 2015C | 97.00abc | 95.67b | 94.33b | 82.67c | 15.67d | 77.33bcd | 16.00c | 93.33b |
| 2015D | 97.33ab | 97.00ab | 95.33ab | 85.33ab | 20.33c | 75.33d | 22.00b | 97.33a |

注：同列不同小写字母表示5%水平差异显著，下同。

（4）田间出苗率测定

由表 2 可见,2015B 胶州和莱阳的田间出苗率(the field seedling emergence,FSE)指标最高,分别为 93.00％和 94.33％,而 2014A 最低,分别为 85.67％和 86.33％。综合考虑胶州和莱阳的 FSE 指标,8 个样品种子活力排列顺序为:2015B＞2015D＞2015C＞2015A＞2014D＞2014B＞2014C＞2014A。

表 2　8 个样品田间出苗率测定结果　　　　　　　　　 ％

| 样品编号 | FSE-JZ | FSE-LY |
| --- | --- | --- |
| 2014A | 85.67d | 86.33d |
| 2014B | 88.00cd | 90.67bc |
| 2014C | 86.00cd | 89.00cd |
| 2014D | 88.00cd | 91.33abc |
| 2015A | 89.33bc | 91.33abc |
| 2015B | 93.00a | 94.33a |
| 2015C | 93.00a | 92.00abc |
| 2015D | 92.33ab | 93.67ab |

注:JZ,Jiao Zhou,胶州;LY,Lai Yang,莱阳。

（5）比较 NSS 和 AMF

由图 3 可见,2014 年生产的样品 FPC 最大值主要分布在 98 mN ≤ $x$ ＜ 196 mN 和 196 mN ≤ $x$ ＜ 294 mN 两个区间,

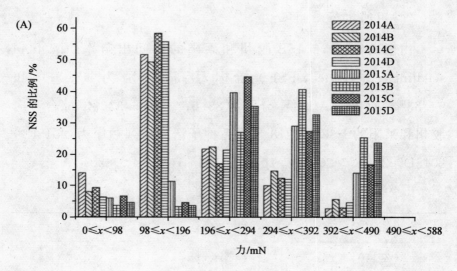

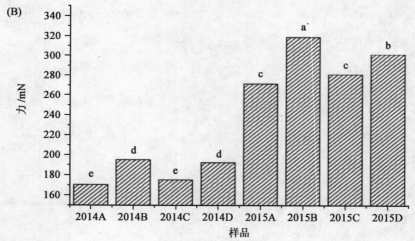

图3　(A)8个样品NSS柱状图;(B)8个样品AMF柱状图。图中2014和2015

表示种子生产年份,A、B、C、D表示不同的种子生产企业。

(B)中,不同小写字母表示在 $P<0.05$ 水平差异显著。

而 2015 年生产的样品 FPC 最大值主要分布在 196 mN$\leqslant x<$ 294 mN，294 mN$\leqslant x<$392 mN 两个区间。因此 2015 年生产的玉米样品 NSS 指标大于 2014 年生产的玉米样品。从 AMF 指标来看，2015 年生产的玉米样品同样大于 2014 年。2014 年生产的玉米样品中，2014B 的 AMF 值最高，为 194.45 mN，且与 2014A 和 2014C 差异显著。比较分析 2015 年生产的玉米样品，2015B 的 AMF 值最高，为 318.60 mN，且与 2015A、2015C 和 2015D 差异显著。综合分析表明，8 个样品 NSS 指标主要集中在 196～392 mN 和 98～294 mN 两个范围内；从 AMF 指标来看，2015B＞2015D＞2015C＞2015A＞2014B＞2014D＞2014C＞2014A。

(6)AMF、NSS 及其他种子活力指标与平均田间出苗率的关系

由图 4 可见，AMF（$r=0.934$；$P<0.01$），NSS-FR5（$r=0.928$；$P<0.01$），RET-(TRP＋CRP)（$r=0.961$；$P<0.01$），AAT（$r=0.941$；$P<0.01$）和平均田间出苗率(mean field seedling emergence，MFSE)均存在极显著正相关。回归分析表明，AMF、NSS-FR5、RET-(TRP＋CRP)、AAT 与 MFSE 关系极为密切；AMF 与 MFSE 的 $R^2$ 值高于 NSS-FR5 与 MFSE 的 $R^2$ 值。

可见，种子生物力测定可用于种子活力评价工作，特别是种子萌发顶土力监测中 AMF 和 NSS-FR5 两项指标可选用于评估玉米种子活力的生物力评价指标。

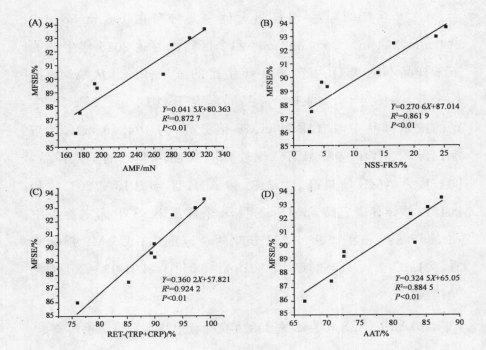

图4　8个样品种子生物力测定、加速老化测定、胚根伸出测定相关指标和

平均田间出苗率(MFSE，the mean field seedling emergence)的关系。

(A)AMF 和 MFSE 的关系；(B)NSS-FR5 和 MFSE 的关系；(C)RET-

(TRP＋CRP)和 MFSE 的关系；(D)AAT 和 MFSE 的关系。

注：FR5 指生物力大小范围为 392≤x＜490（mN）。

# 参 考 文 献

[1] 江绪文,李贺勤.一种玉米种子发芽盒.申请号/专利号：201320432096X,国家发明专利.

[2] 江绪文,李贺勤.一种玉米种子萌发顶土力测量方法.申请号/专利号:2014107631438,国家发明专利.

[3] 江绪文,李贺勤.一种种子萌发顶土力检测工艺.申请号/专利号:2014107945793,国家发明专利.

[4] 江绪文.一种玉米种子出苗力评定装置.申请号/专利号：201420169265X,国家发明专利.

[5] Jiang X. W. ,Li H. Q. ,Wei Y. J. ,Song X. Y. and Wang J. H. Seed biomechanical monitoring：A new method to test maize（Zea mays）seed vigour. Seed Science and Technology,2016,44：382-392.

[6] ISTA. *ISTA* Handbook on Moisture Determination,1st edn. 2007,International Seed Testing Association. Bassersdorf,Switzerland.

[7] ISTA. *International Rules for Seed Testing*. 2012,International Seed Testing Association,Bassersdorf,Switzerland.

[8] Marcos-Filho J. Seed vigour testing：an overview of the

past, present and future perspective. Scientia Agricola，
2015,72:363-374.

[9] Niklas K. J. , Spatz H. C. , Vincent J. Plant biomechanics:
an overview and prospectus. American Journal of Botany，
2006,93: 1369-1379.

[10] Steinbrecher T. , Leubner-Metzger G. The biomechanics of
seed germination. Journal of Experimental Botany，2017，
68: 765-783.

[11] 姜宗来. 我国生物力学研究现状与展望. 中国生物医学工
程学报,2011,30:161-168.

[12] 颜启传. 种子学[M]. 北京:中国农业出版社,2001.

[13] 赵光武,钟泰林,应叶青. 现代种子种苗实验指南[M]. 北
京:中国农业出版社,2015.